欧 洲 花 艺 名 师 的 创 意 奇 思

生活四季花艺之夏

【比利时】《创意花艺》编辑部 编　周洁 译

中国林业出版社
China Forestry Publishing House

FLEUR CRÉATIF Summer 欧洲花艺名师的创意奇思
生活四季花艺之夏

图书在版编目（CIP）数据

欧洲花艺名师的创意奇思 . 生活四季花艺之夏 / 比利时《创意花艺》编辑部编；周洁译 . -- 北京：中国林业出版社，2020.10

书名原文：Fleur Creatif @home Special Spring 2017-2018

ISBN 978-7-5219-0772-8

Ⅰ.①欧… Ⅱ.①比… ②周… Ⅲ.①花卉装饰 - 装饰美术 Ⅳ.① J535.12

中国版本图书馆 CIP 数据核字 (2020) 第 166173 号

著作权合同登记号　图字：01-2020-3154

责任编辑：	印 芳　王 全
电　　话：	010-83143632
出版发行：	中国林业出版社
	（100009 北京市西城区德内大街刘海胡同 7 号）
印　　刷：	北京雅昌艺术印刷有限公司
版　　次：	2020 年 10 月第 1 版
印　　次：	2020 年 10 月第 1 次印刷
开　　本：	787 mm×1092mm 1/16
印　　张：	10
字　　数：	250 千字
定　　价：	88.00 元

目录

安尼克·梅尔藤斯
Annick Mertens

010	自制石膏花瓶
012	轻盈剔透
014	淡雅的绿色花束
016	多姿多彩的桌花
018	夏日草原
019	清新颜色
020	海军蓝创意花束
021	东方风情大花碗
022	用蓝盆花装点餐桌
024	香草之心
026	献给你的花束
027	多姿多彩的花篮
028	生日花束
030	海草编织圈
031	木贼花瓶
032	轻盈的花瓶
034	海上一日
036	雅俗共赏的花束
038	玫瑰爱巢
039	马蹄莲花束
040	漫步
042	花中花
044	享受编织乐趣
046	塞满坚果

048	夏日花环
050	芬芳迷人的薰衣草
052	女孩与花束
053	透明花束
054	香豌豆手袋
056	鲜花公主
058	时尚的薄荷绿开胃酒
060	奇异花瓶中的芳香花园玫瑰

目录

汤姆·德·豪威尔 Tom De Houwer

062	夏末开胃酒
064	穗边洋桔梗营造出的一道阳光美景
066	趣味盎然的纤柔花艺
068	老式餐桌前的慢时光
070	轻薄纸板花环中淡雅柔和的小花束
072	植物灯罩
074	开启夏日时光
076	芍药花满箱
078	树枝之间
080	夏日花环
082	香蒲环绕中的大丽花
083	花礼
084	在草地上
085	花园中的马蹄莲
086	浮出水面的百日草
088	玉米须式项圈
090	别致的花艺支架
092	繁花盛开的飞燕草

夏洛特·巴塞洛姆

096	水滴
098	在红色花朵间享受红色草莓
100	花园处处是繁花
101	通透的花墙
102	漂浮在水面上的花篮
104	鲜花绘画
106	小麦捆
107	纸套里的鲜花
108	光芒四射的非洲菊
109	花篮
110	淡雅粉色系花环
112	古灵精怪的花束
113	焰火
114	向日葵花丛中
116	南方启示
118	粉色大丽花的花园彩画
120	阳光满溢心间
122	花锥
124	植物瓷砖
126	赏草

斯汀·西玛耶斯
Stijn Simaeys

| 128 | 梨形茶烛台 |
| 129 | 装满向日葵的花篮 |

130	缤纷亮丽的圆圈
132	夏日蛋糕
133	印度观赏洋葱

尚塔尔·波斯特
Chantal Post

136	圆形墙面花饰
138	漂浮的拉花
140	插着可爱玫瑰的软木球
142	花艺墙饰
144	纤草花瓶
146	酒吧里的阳光
148	夏日绚烂平行花柱

丽塔·范·甘斯贝克
Rita Van Gansbeke

150	用边角布料和线绳制成的花环
152	缤纷色彩
154	活力鸟巢
155	植物圈
156	优雅的观赏草花环

| 158 | 植物图画 |
| 159 | 乐享夏日生活 |

P.010

安尼克·梅尔藤斯
Annick Mertens

annick.mertens100@hotmail.com

安尼克·梅尔藤斯（Annick Mertens）毕业于农学和园艺专业，2003年，她在比利时韦尔布罗克（Verrebroek）开设了自己的花店"Onverbloemd"，并在她位于比利时弗拉瑟讷（Vrasene）的家中，每月组织一次花艺研讨会。她认为在舒适的环境中分享经验和教授技术至关重要！冬季，学生们用柴火炉做饭，夏季，他们可以在安尼克自己的花园玫瑰园里切玫瑰。学校放假期间，安尼克为孩子们提供鲜花活动营。她还是 *Fleur Creatif* 花艺杂志的签约设计师，多次参加比利时国际花艺展（Fleuramour）等花艺展会。

P.062

汤姆·德·豪威尔
Tom De Houwer

tomdehouwer@icloud.com

比利时花艺大师,在世界各地进行花艺表演和授课。他想启发其他花艺师,发现与自己最本真的东西。先后参加了比利时"冬季时光"主题花展等展览……并在几本杂志上发表过文章。

难度等级：★★★☆☆

自制石膏花瓶

花艺设计 / 安尼克·梅尔藤斯

> **材料** *Flowers & Equipments*
>
> 虎眼万年青、苔草
> 3个拱桥形聚苯乙烯树脂块、直径25cm的聚苯乙烯树脂圆环、保鲜膜、花艺用木签、石膏、黑色绳子、海星

步骤 *How to make*

① 将拱桥形聚苯乙烯块一分为二。
② 用木签将分割好的聚苯乙烯块垂直穿在聚苯乙烯圆环上。
③ 用保鲜膜包裹，以增强架构的强度。
④ 将石膏卷切割成条状。进行这项工作时请注意保持双手干燥！
⑤ 将石膏条浸泡在一碗温水中，然后取出铺在制作好的架构上。
⑥ 最后：取一条黑色的绳子，从垂直方向缠绕架构，最后点缀上海星。
⑦ 在制作好的花瓶中放入一个玻璃容器，然后插上虎眼万年青和苔草。

难度等级：★★★☆☆

轻盈剔透

花艺设计 / 安尼克·梅尔藤斯

> **材料** *Flowers & Equipments*
> 洋甘菊、金槌花
> 玻璃瓶、剑麻、黏土

步骤 *How to make*

① 取一些玻璃瓶，然后围绕瓶体外表面缠绕一层剑麻，铺上一层黏土，然后再缠绕一层剑麻。
② 将金槌花粘在最外侧瓶子上，然后在顶部将所有金槌花的茎杆聚拢在一起。
③ 将洋甘菊花朵放入内侧的瓶子中。

难度等级：★★☆☆☆

淡雅的绿色花束

花艺设计 / 安尼克·梅尔藤斯

> **材料** *Flowers & Equipments*
> 向日葵叶片、鬼罂粟、青苹果（海棠果）、空气凤梨

步骤 *How to make*

将向日葵叶片弯折成簇状，与鬼罂粟、青苹果以及空气凤梨搭配在一起。用一个堪称完美的方式打造出美丽异常的令人赞叹不已的观叶花束。

难度等级：★★★☆☆

步骤 *How to make*

① 这些由干燥的棕榈叶制成的手袋散发出清新的气息；手袋底部装满了小小的青苹果。
② 漂白的海带丝为这款时尚造型增添了几分参差错落的波浪般的动感。

材料 *Flowers & Equipments*

苹果（海棠果）
干燥棕榈叶、经处理过的漂白海带

难度等级：★★☆☆☆

多姿多彩的桌花

花艺设计 / 安尼克·梅尔藤斯

材料 *Flowers & Equipments*

香豌豆、百子莲、满天星、青海棠果
4只直径30cm的金属圆环、玻璃瓶、毛线、拉菲草、铁丝、胶枪、黄麻棒、花艺刀、剪刀、粉红色的橡皮圈

步骤 *How to make*

① 将金属圆环对折。
② 用颜色闪亮的毛线将对折后的金属圆环完全包裹起来，然后将橡皮圈套在圆环上并绷紧，将每只圆环一只挨一只地连接起来。
③ 用胶枪将黄麻杆粘在制作好的架构上，然后将小玻璃瓶绑在黄麻杆上，最后将鲜花插入玻璃瓶中。

难度等级：★★☆☆☆

夏日草原

花艺设计 / 安尼克·梅尔藤斯

步骤 How to make

① 将3只木箱粘在一起，然后将花泥塞入木箱中，花泥高度正好位于箱体边沿下方。
② 把藤条弯折，制作成类似小型花园篱笆的造型，然后将其依箱体边沿粘牢。
③ 将鲜花枝条垂直插入花泥中，最后再点缀一些小石子。

材料 Flowers & Equipments

鬼罂粟、美国薄荷、风铃草、观赏草
3只木箱、藤条、花泥、胶枪

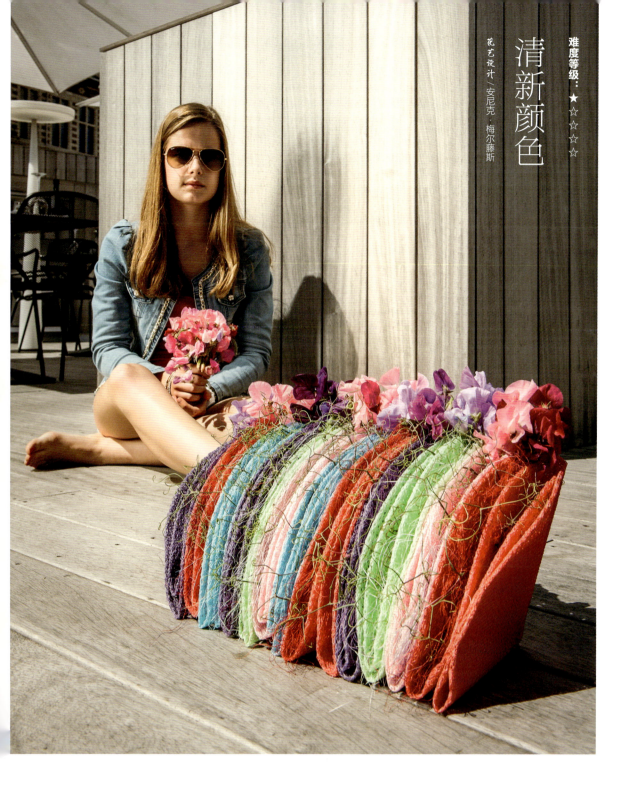

难度等级：★☆☆☆☆

清新颜色

花艺设计／安尼克・梅尔藤斯

步骤 How to make

① 将圆盘对折两次成扇形。然后用胶将所有折成的扇形粘在一起。
② 在制作好的架构中用胶粘上鲜花营养管。
③ 在凹槽间放上不同颜色的剑麻丝（红色圆盘间的凹槽就放上红色的剑麻丝、粉色的就放上粉色的剑麻丝，以此类推）
④ 将香豌豆花插入营养管中，将卷须随意搭放在作品上，任其自然垂下。

材料 Flowers & Equipments

香碗豆花朵和卷须
不同直径的圆形尼龙盘、不同颜色的剑麻丝、鲜花营养管、胶枪

海军蓝创意花束

花艺设计／安尼克·梅尔藤斯

难度等级：★★☆☆☆

步骤 How to make

一次美妙惬意的夏日漫步之后，我想到了这个创意。将各色绣球花与蓝色剑麻搭配在一起制作成一束海军蓝风格的花束。

材料 Flowers & Equipments

绣球
剑麻

东方风情大花碗

花艺设计／安尼克·梅尔藤斯

难度等级：★★★☆☆

步骤 How to make

① 选用一种醒目亮丽的夏日色彩将半球形花泥喷涂上色，然后将花泥球插入花束支架上。

② 将鲜花营养管放入制作好的碗形容器内，这样可以随意更换鲜花。

③ 将各色鲜花分组插放，注意花材高低错落有致，打造出美观的花艺造型。

材料 Flowers & Equipments

大花葱、百子莲、松萝凤梨
半球形干花泥、花束支架、油漆、贝壳、鲜花营养管

难度等级：★★☆☆☆

用蓝盆花装点餐桌

材料 Flowers & Equipments
蓝羊茅、蓝盆花
聚苯乙烯泡沫塑料条、报纸、壁纸胶、酸奶罐

花艺设计 / 安尼克·梅尔藤斯

步骤 How to make

① 将两个聚苯乙烯泡沫塑料条粘在一起，然后将旧报纸碎片粘贴在外面（将 1/3 的旧报纸碎片、1/3 的水和 1/3 的壁纸胶混合在一起，涂抹在聚苯乙烯泡沫塑料条外表面）。

② 将酸奶罐放在顶部，然后放入蓝羊茅和天蓝色的蓝盆花。

小贴士：整个结构完全晾干需要较长时间！

难度等级：★★★☆☆

香草之心

花艺设计 / 安尼克·梅尔藤斯

材料 *Flowers & Equipments*
松萝凤梨、树皮制成的圆盘、罗勒、百里香
一段塑料排水管、黄麻、速凝水泥、大号粗铁丝、自己喜欢的丝带

步骤 *How to make*

① 用黄麻片将塑料排水管遮盖。
② 在外表面涂抹速凝水泥，打造出复古风格的外观。
③ 用树皮制成的圆盘将两端封闭。
④ 放入几盆香草植物，用大号粗铁丝弯折成几只可爱的心形饰物，再铺上一些松萝凤梨，挑选自己喜欢的丝带点缀在下部，一件展现意大利风情的芳香四溢的作品呈现出来。一段废弃的塑料排水管得以再利用！

难度等级：★☆☆☆☆

献给你的花束

花艺设计 / 安尼克·梅尔藤斯

材料 *Flowers & Equipments*
鸡冠花、非洲菊、绣球、红色天然树皮

步骤 *How to make*

① 用宝石红般的花朵：鸡冠花，非洲菊和绣球花，打造出精美的花束。
② 最后，将红色天然树皮条不对称地加入花束中。

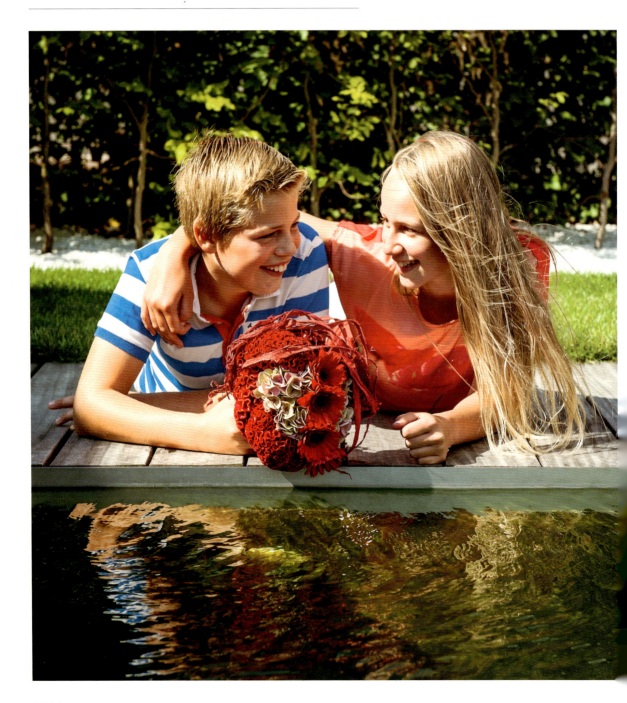

材料 Flowers & Equipments

芒草、桑树皮、非洲菊、绣球钢丝、米白色花束绑扎线、细绳、黄麻棒、造型花泥

难度等级：★★★☆☆

多姿多彩的花篮

花艺设计 / 安尼克·梅尔藤斯

步骤 How to make

① 剪下一片 30cm×25cm 的绿色钢丝网，将芒草编织到钢丝网中。确保钢丝网两端至少保留 30cm 长的芒草。

② 用绑扎线一次将 3 根芒草捆在一起。每 10cm 用绑扎线重复捆扎一次。捆扎的位置越多越好，这样等芒草晾干后，呈现出的效果会非常好。

小贴士：一定要及时将白色的绑扎线取下！否则等芒草完全晾干后，草束上面白色的绑扎线几乎就看不见了。

③ 修剪掉草束，切掉多余的长度，用细绳、黄麻棒和桑树皮装饰顶部和侧面。

④ 在底部放入花泥，将花材直接插入花泥中。

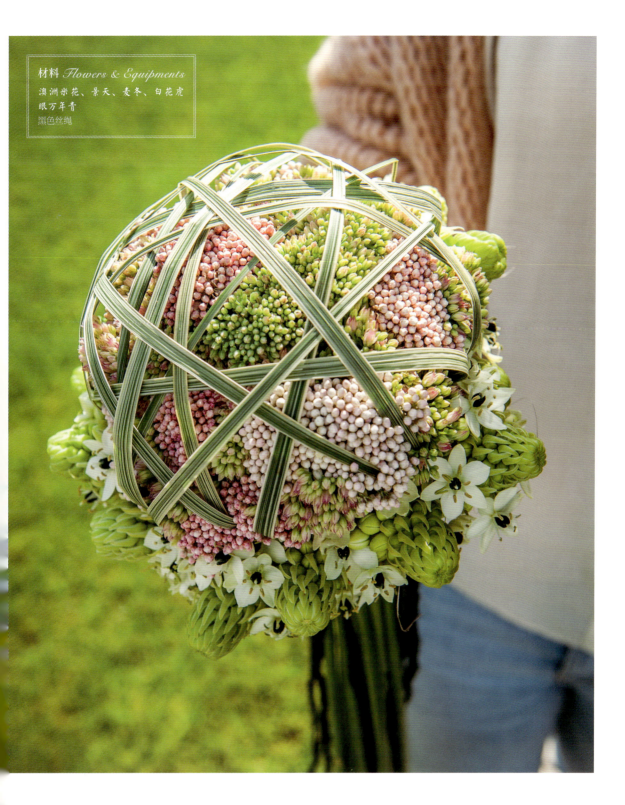

材料 Flowers & Equipments
澳洲米花、景天、麦冬、白花虎眼万年青
黑色丝绳

难度等级：★★☆☆☆

生日花束

花艺设计 / 安尼克·梅尔藤斯

步骤 How to make

① 用澳洲米花和景天打造出一个球形花束
② 用色彩鲜艳的麦冬草叶片围绕花球缠绕几圈。
③ 最后放上伯利恒之星（白花虎眼万年青）。

小贴士：搭配几根黑色丝绳，与白花虎眼万年青花朵中间黑色的花心相互呼应。

材料 Flowers & Equipments
椰壳纤维、干海草、大星芹、情人泪
50cm×50cm 的聚苯乙烯泡沫塑料板、大号带花泥桌花专用托盘、U形钉

难度等级： ★☆☆☆☆

海草编织圈

花艺设计 / 安尼克·梅尔藤斯

步骤 *How to make*

① 从聚苯乙烯泡沫塑料板上切下一块尺寸为 50cm×50cm 的板材，用 U 形钉将棕褐色的椰壳纤维固定在上面。
② 将用海草编织的绳子做成一个一个圆圈，然后用 U 形钉将它们钉在泡沫塑料板上。
③ 在泡沫塑料板的凹陷处放置一个大号带花泥的桌花专用托盘，然后将白色大星芹插入其中。
④ 最后点缀上几枝情人泪枝条，打造出趣味盎然的效果。

小贴士： 整件作品的底座选用聚苯乙烯泡沫塑料板，这种设计可以实现让作品漂浮在水面上的效果。

木贼花瓶

花艺设计 / 安尼克·梅尔藤斯

难度等级：★★☆☆☆

步骤 *How to make*

① 取一块聚苯乙烯泡沫塑料块，切割出圆球形作为底座。
② 在球体上切出一个洞，放入花泥。
③ 用U形钉将褐色的椰壳纤维固定在整个球体表面。这个步骤对于后面将木贼晾干非常重要。
④ 从洞的上方开始，将木贼一根一根地用U形钉固定在球体上，每根木贼需用多个钉子多位置固定。一圈一圈将木贼草固定好。
⑤ 将绣球和景天插入底座上的花泥中，然后将白花虎眼万年青与这些花材连接在一起。

材料 *Flowers & Equipments*
白花虎眼万年青、绣球、景天、木贼、椰壳纤维
聚苯乙烯泡沫塑料球、花泥、U形钉

难度等级：★★★☆☆

轻盈的花瓶

花艺设计 / 安尼克·梅尔藤斯

材料 *Flowers & Equipments*
树根、观赏草、虎眼万年青、吊灯花枝条
细铁丝网、金属支架

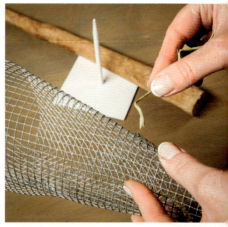

步骤 *How to make*

① 取一块 30cm×15 cm 的细铁丝网，从中剪下一块正方形。
② 从底部的一角开始向中心滚动，形成一圆管状。
③ 将圆管状铁丝网插在树根上，下端用绑扎线捆好，最后将观赏草、虎眼万年青花朵以及吊灯花枝条插入细铁丝网上面的小孔中。

难度等级：★☆☆☆☆

海上一日

花艺设计 / 安尼克·梅尔藤斯

材料 *Flowers & Equipments*
飞燕草、爱之蔓
聚苯乙烯球、黄麻、U形钉、胡椒果、蛏子壳、玻璃容器

步骤 *How to make*

① 在聚苯乙烯球体的顶部切开一个口，以放置玻璃容器。
② 将黄麻用U形钉覆盖在聚苯乙烯球体表面。
③ 用胶水将胡椒果和蛏子壳粘贴在黄麻上。
④ 将飞燕草放入容器中。
⑤ 最后点缀上几枝爱之蔓。

小贴士：采用同样方式可以在聚苯乙烯球体上切开大小不同、形状各异的洞，制作出一个植物花球。夏季可使用景天科植物以延长观赏期。

难度等级：★★☆☆☆

雅俗共赏的花束

花艺设计 / 安尼克·梅尔藤斯

材料 *Flowers & Equipments*

干棕叶狗尾草、澳洲米花、白色绣球、黑色波斯菊
3个桌花花泥瓶、原木色丝带、原木色黄麻棒、吊绳

步骤 *How to make*

① 将原木色丝带粘贴在桌花花泥瓶的外表面，将塑料瓶体遮盖住。
② 然后将3只花泥瓶放在桌面上，用胶将原木色黄麻棒竖直粘贴在瓶体外侧。
③ 把干棕叶狗尾草交叉粘贴在造型上。取一段绳子，两端分别粘贴在花泥瓶两侧，形成提手。
④ 用白色绣球花和澳洲米花将花泥上的空间填满，然后插入黑色波斯菊，形成完美漂亮的视觉对比。

小贴士： 用胶水粘贴干棕叶狗尾草时应靠一侧粘贴，这样可以非常方便地更换花材。

难度等级：★★☆☆☆

玫瑰爱巢

花艺设计 / 安尼克·梅尔藤斯

材料 Flowers & Equipments
芒草、干荷叶、白玫瑰
圆柱形铁艺框架、花泥盘、绑扎线

步骤 How to make

① 取一束芒草，然后将其分别沿铁艺框架的上下边沿弯折。将圆柱形从上到下包裹起来，然后将芒草束用绑扎线捆紧。整个圆柱形铁艺框架的外表面都按此步骤用芒草包裹好。
② 在制作好的铁艺容器的内侧放置一圈荷叶，然后将花泥放在中间。
③ 最后用漂亮迷人的白玫瑰装饰容器。

小贴士：草束捆得越紧，干透后观赏效果越好。

材料 *Flowers & Equipments*
白色马蹄莲、麝香百合
丝带

难度等级：★☆☆☆☆

马蹄莲花束

花艺设计 / 安尼克·梅尔藤斯

步骤 *How to make*

将白色马蹄莲绑扎成花束，在其周围环绕一圈麝香百合花苞，制作一束可爱的手捧花束。

难度等级：★★☆☆☆

漫步

花艺设计 / 安尼克·梅尔藤斯

材料 *Flowers & Equipments*

薰衣草花朵、蓝盆花、淡粉色满天星
聚苯乙烯制成的圆柱体、原木色丝带、铁丝、木签、卷曲的椰壳、乳白色花泥球、桌花花泥盘

步骤 *How to make*

① 将聚苯乙烯圆柱体切成两半，用原木色丝带装饰一下。
② 在两个半圆柱体之间放入一个桌花花泥盘，并固定。
③ 将椰壳卷粘贴在圆柱体外表面。
④ 用冷固胶将薰衣草花粘在乳白色花泥球上。
⑤ 在花泥球之间插入蓝盆花和满天星。
⑥ 用结实的粗铁丝以及木签做成支撑腿。用薰衣草将木签缠绕包裹。

难度等级：★★☆☆☆

花中花

花艺设计 / 安尼克·梅尔藤斯

> **材料** *Flowers & Equipments*
> 干燥圆叶尤加利、白色康乃馨、澳洲米花
> 软木屑、芭蕉树树皮卷、聚苯乙烯半球体、胶带、夹钳、胶枪、花泥、绳子

步骤 *How to make*

① 将胶带粘贴在聚苯乙烯半球体的外表面。
② 用软木屑将半球体的2/3覆盖，剩余1/3用芭蕉树树皮（卷）缠绕覆盖。
③ 沿半球体边缘插入一圈干燥圆叶尤加利，形成褶皱花边状。然后用胶水再粘上一层干燥圆叶尤加利，随后再粘贴第三层，干燥圆叶尤加利层不断增厚，打造出的褶皱花边体积越大。
④ 不要将花泥放在干燥圆叶尤加利花边的正中间。可以将半球体整体略倾斜，呈现出现代感十足的不对称外观。
⑤ 用康乃馨和澳洲米花填满放在半球体低处的花泥。
⑥ 在鲜花和干燥圆叶尤加利之间绕上几圈原木色的麻绳。

小贴士：也可以用叶脉叶代替干燥圆叶尤加利，呈现出的效果更为精美。

难度等级：★★★☆☆

享受编织乐趣

花艺设计 / 安尼克·梅尔藤斯

材料 *Flowers & Equipments*

白花虎眼万年青（伯利恒之星）
亚麻绳、金属圆环、布料、木签、绑扎胶带、圆头扁竹条、鲜花营养管、胶带

步骤 *How to make*

① 将金属圆环对折。然后将对折后的圆环放在地板上，用脚踩住一半圆环，将另一半往上拉，直到达到想要的高度。

② 将上下两部分半圆环形成的中间空间进行等分，然后将木签沿垂直方向粘在圆环上。木签不能直接粘贴在金属上，所以需要先在粘贴木签处绕上绑扎胶带，然后将木签粘贴在胶带上。

③ 将亚麻绳在木签之间穿插编结，直至绳编高度达到理想效果。亚麻绳之上的剩余处，编入扁竹条。

④ 在圆环构架内侧铺上衬布。

⑤ 将5支鲜花营养管用胶带粘在一起，这样既方便更换水管，而且也不会因为水管太细而从金属环之间的空间滑落。

⑥ 在营养管中插入鲜花。

难度等级：★★☆☆☆

塞满坚果

花艺设计 / 安尼克·梅尔滕斯

> **材料** Flowers & Equipments
> 皱叶荚蒾叶片、满天星、松萝凤梨、蝴蝶兰
> 软木树皮、鲜花营养管、钟形茶杯、聚氨酯泡沫塑料

步骤 How to make

① 将聚氨酯泡沫塑料粘贴在软木树皮上，静置一会儿，晾干。
② 取一些松萝凤梨沿着树皮摆放，然后再将钟形茶杯有规律地间隔摆放在松萝凤梨丛中。
③ 将皱叶荚蒾叶片卷成小卷，然后放入钟形茶杯内。
④ 将满天星随意点缀在作品之间，然后将鲜花营养管随机放入满天星花丛中，并将水注入营养管。最后将蝴蝶兰插入鲜花营养管中。

难度等级：★☆☆☆☆

夏日花环

花艺设计 / 安尼克·梅尔藤斯

材料 *Flowers & Equipments*
夏季时令鲜花、薰衣草
藤条、绳子、小水瓶、钉枪、卷轴铁丝

步骤 *How to make*

① 用藤条制作出一些小圆环，用U形钉将它们连在一起，制作出一个大花环。
② 用卷轴铁丝将薰衣草花枝缠绕绑扎在一起，制作成花环。
③ 在这些花环之间系上细绳，然后将小水瓶绑在绳子上。
④ 将各式夏季时令鲜花插入环绕着花环的小水瓶中。确保花茎的末端浸在水里。

难度等级：★★☆☆☆

芬芳迷人的薰衣草

花艺设计 / 安尼克·梅尔藤斯

材料 *Flowers & Equipments*

薰衣草、花园玫瑰
瓦楞纸板、圆形花泥、蛋糕形花泥+托盘、藤条、带有薰衣草叶片的毛毡、胶枪

步骤 *How to make*

① 将瓦楞纸板裁切至所需高度，然后围在圆形花泥块的外表面。
② 用薰衣草叶、毛毡条覆盖在纸板外。
③ 将薰衣草茎秆插入纸板外边缘，围成一个圆圈。
④ 将花园玫瑰以及其他时令鲜花插入包围在薰衣草圆圈中心的花泥上。
⑤ 最后可以将一些短小的紫色藤条粘贴在纸板上。让我们一起来感受一次真正的色彩大爆炸！

小贴士： 也可以用小麦或其他观赏草来代替薰衣草。

难度等级：★★★☆☆

女孩与花束

花艺设计 / 安尼克·梅尔藤斯

材料 Flowers & Equipments
花园玫瑰、柳叶马鞭草
方形花泥块、蓝绿色芦苇秆、胶枪、毛线

步骤 How to make

① 用胶枪将蓝绿色的芦苇秆粘在方形花泥的外表面。
② 用浪漫迷人的花园玫瑰和薰衣草将花泥塞满。
③ 最后用毛线在芦苇秆外面缠绕几圈，同时也为确保作品整体更牢固。

步骤 How to make

① 用毛线将金属圆环缠绕包裹。
② 将粗藤包铁丝穿插编入圆环中，以延伸圆环的视觉空间。
③ 用粗铁丝将花泥托架连接并固定在圆环上。
④ 最后再穿插加入一些蓝绿色的芦苇秆。

难度等级：★★★☆☆

透明花束

花艺设计 / 安尼克·梅尔藤斯

材料 Flowers & Equipments

花园玫瑰、柳叶马鞭草
圆形花泥托盘、金属圆环、粗铁丝、粗藤包铁丝、毛线

难度等级：★★☆☆☆

香豌豆手袋

花艺设计 / 安尼克·梅尔藤斯

材料 *Flowers & Equipments*

干荷叶、香豌豆
双面胶、小沙袋、鲜花营养管、硬纸板、
小刀

步骤 How to make

① 将荷叶剪成一个大三角形，这个大三角形可以折叠成一个四面体。
② 将双面胶粘贴在大三角形的三条边上。
③ 用硬纸板剪出一个小三角形，将它放在大三角形荷叶的中间，作为四面体的底面，这样就可以确定其余三个面的位置，也即确定了荷叶的折叠线。
④ 接下来将荷叶沿着确定好的底面向上折叠，然后将荷叶边彼此粘合，只留下一个敞口用来放入鲜花营养管。
⑤ 将鲜花营养管放入小沙袋内（为了保持水管直立，增强其稳定性），然后将小沙袋放入荷叶袋中。
⑥ 最后将香豌豆插入营养管中，然后在荷叶袋上随意搭放几圈毛线。

材料 *Flowers & Equipments*
白色、乳白色和黄色的花园玫瑰、香豌豆、麦穗、大针茅、干荷叶、2块U形花泥、白色和蓝绿色毛线、花泥、塑料薄膜

难度等级：★★☆☆☆

鲜花公主

花艺设计 / 安尼克·梅尔藤斯

步骤 *How to make*

① 将 2 块 U 形花泥连接在一起。
② 用干荷叶覆盖在花泥块表面，然后用白色和蓝绿色的毛线将花泥块紧密缠绕。添加一些麦穗和观赏草营造夏日情调。
③ 用塑料薄膜将一块花泥包裹好，然后放入 2 块 U 形块组合中空的地方。
④ 将各式鲜花插满整块花泥。

小贴士：作为餐桌中心装饰，此作品堪称完美。

难度等级：★★☆☆☆

时尚的薄荷绿开胃酒

花艺设计 / 安尼克·梅尔藤斯

材料 *Flowers & Equipments*

长生草、夹竹桃、染成绿色的象橘、多肉植物

宽薄木板、椰壳片、染成淡绿色的椰壳茶杯形容器、剑麻、胶枪

步骤 *How to make*

① 将椰壳片粘贴在宽薄木板的表面。这些小壳片就是我们精心为托盘打造的支撑脚。
② 将椰壳茶杯形容器用胶粘在薄木板上。
③ 用剑麻和多肉植物塞满这些可爱的小杯子。
④ 最后,点缀上一些夹竹桃小枝条。

材料 *Flowers & Equipments*

花园玫瑰、柳叶马鞭草、椰壳
大号桌花花泥瓶、胶枪、剑麻

难度等级：

奇异花瓶中的芳香花园玫瑰

花艺设计 / 安尼克·梅尔藤斯

步骤 *How to make*

① 用胶枪将小块椰壳粘在花泥瓶外表面，同时它们也成为了容器的支脚。
② 用玫瑰和薰衣草等鲜花塞满整个花泥。
③ 最后用彩色剑麻丝缠绕椰子壳。

难度等级：★★★★★

夏末开胃酒

花艺设计 / 汤姆·德·豪威尔

步骤 *How to make*

① 用铝线缠绕环状花泥，制作出架构。
② 用宽胶带将架构捆绑结实。
③ 将干燥圆叶尤加利切割成条状，然后用胶枪一块一块粘在花环底座的内外表面。
④ 在制作好的环形容器中放上花泥，开始插花。

材料 *Flowers & Equipments*

褐色的干燥圆叶尤加利、非洲菊、皱边铁线莲、大丽花、玫红色玫瑰、嘉兰
花环、铝线、5cm 宽的花艺专用胶带

难度等级：★☆☆☆☆

穗边洋桔梗营造出的一道阳光美景

花艺设计 / 汤姆·德·豪威尔

步骤 *How to make*

① 用水性涂料将画布涂成白色，然后撒上白色细沙，打造出架构。
② 将深浅不一的粉色、粉红色毛线或毛毡线随意缠绕画框，然后将这些毛线系在一起。
③ 取几根色彩相同的毛线，将它们一起系在玻璃鲜花营养管的颈部，留出一个足够长的圆环以便能将小水管挂起来。
④ 将玻璃营养管系在绕在画框的毛线上。
⑤ 向营养管中注入水，然后插入玫瑰和洋桔梗。
　　小贴士：可根据需要，将系放鲜花营养管的那几根毛线用胶枪粘牢在画布上。

材料 *Flowers & Equipments*
玫红色玫瑰、洋桔梗
带框架画布、白色细沙、水性白色涂料、
深浅不一的粉色、粉红色毛线/毛毡线、
玻璃鲜花营养管

材料 *Flowers & Equipments*
大丽花、嘉兰、露兜树叶片
直径30cm的半球形聚苯乙烯树脂、胶枪、鲜花营养管、黏土、小刀

难度等级：★★☆☆☆

趣味盎然的纤柔花艺

花艺设计 / 汤姆·德·豪威尔

步骤 *How to make*

① 用一把锋利的小刀将聚苯乙烯树脂球体边沿的凸边去掉，让球体边沿光滑。
② 将露兜树叶片撕成条状，然后将其一条一条均匀地呈放射状粘贴在聚苯乙烯树脂球的表面，在边沿处的两条叶片要相对粘贴，将超出边沿的叶片折叠。粘贴叶片时需要使用胶枪。
③ 聚苯乙烯树脂球的底部也需要用露兜树叶片条覆盖，同样将叶片一条一条均匀地呈放射状粘贴。避免让叶片在底部过多地重叠在一起。让叶片条的顶部伸出球体的边沿，高度要错落有致。粘贴时同样需要使用胶枪。
④ 取一块黏土，将鲜花营养管塞入，然后在营养管中注入水。
⑤ 将塞有水管的黏土块放入球体中，按设计需要调整好水管和球体的方向。黏土块可以确保球体朝着设计好的方向倾斜并且不会倒伏，这样水管也会保持在设计位置。
⑥ 在营养管中插入嘉兰和大丽花。

小贴士： 应使用较柔软的叶片末端部位，这样可以将较薄的露兜树叶片粘贴在底部，较厚一些的粘贴在顶部。

注意： 露兜树叶片通常成卷出售，所以当你剪裁下所需要的叶片条时，叶面会略微弯曲。但很快它们就会达到理想的形状。

难度等级：★★★☆☆

老式餐桌前的慢时光

花艺设计 / 汤姆·德·豪威尔

步骤 How to make

① 在桦树树干和木块上分别钻一个直径为 6mm 的孔洞。
② 将加强筋插入桦树树干上的孔洞中，压紧，随后将其依次插入旧木块上的孔洞中。
③ 在玻璃鲜花营养外绕几圈铝线，然后留下一部分，让其延伸出来。
④ 用一些绿色和白色毛线在玻璃水管外绕几圈，与上一步骤的操作相同。
⑤ 在桦树树干的侧面钻几个小孔，加入一点热胶，然后将铝线的末端推进小孔中。
⑥ 可以用小木签一头插入桦树树干侧面的小孔中，另一头插入长根萝卜中，这样就把长根萝卜挂好了。
⑦ 在鲜花营养管中注入水，然后插入南美水仙和玫瑰。

材料 Flowers & Equipments
绿玫瑰、白玫瑰、南芙水仙、长根萝卜、桦树树干
老旧木块、电钻、6mm钻头、1.3mm钻头、6mm厚、大约15cm长的加强筋、白色和绿色毛线、玻璃鲜花营养管、花艺木签、铝线、胶枪

难度等级：★★☆☆☆

轻薄纸板花环中淡雅柔和的小花束

花艺设计 / 汤姆·德·豪威尔

材料 *Flowers & Equipments*

洋桔梗、粉色玫瑰、白花绿心玫瑰、粉红色的桑皮纤维
侧边白色和褐色的扁平纸板、小花瓶、铝线或铜线

步骤 *How to make*

① 将纸板随意撕成条状。得到一些零散的略微卷曲的硬纸板条。下面的操作就是用这些小东西来制作架构。
② 将桑皮纤维用手撕或剪成条状。
③ 用胶枪将一小段铝线粘在卷曲的小硬纸板条的底部，然后折叠起来。
④ 用清新淡雅的白色洋桔梗、淡绿色的洋桔梗花苞以及玫瑰制作成一束时尚的手绑花束。
⑤ 将粘贴着金属线的略微卷曲的小纸板条放在花束的最外圈，增添几分轻盈灵动的感觉。
⑥ 最后，在花束最下部加入一些桑皮纤维作为衬底，整个花束制作完成。
⑦ 用一根绳子将环绕的桑皮纤维扎紧，然后将小花束放置在搭配适宜的小花瓶中。

小贴士：一定要确保桑皮纤维不要浸在水中。将入水点之下的纤维条剪掉。

难度等级：★★★★★

植物灯罩

花艺设计 / 汤姆·德·豪威尔

材料 *Flowers & Equipments*

白色蝴蝶兰、绿色绣球花、白花虎眼万年青、宽叶香蒲
旧灯罩、台灯架、小号鲜花营养管、绿色绑扎铁丝、4~5mm粗的铝线、玫瑰去刺器、冷固胶或胶枪、黑色定位针、半球形聚苯乙烯树脂

步骤 *How to make*

① 用玫瑰去刺器去除芦苇杆上的叶片。
② 将叶片编成辫绳，末端用一段绿色铁丝绑扎。
③ 将编好的辫绳卷起来，用黑色定位针从侧面固定。
④ 取五根长度在 90~130cm 之间的铝线。
⑤ 用绿色绑扎铁丝将铝线全部裹住。滴一滴冷固胶将末端密封固定，也可以使用胶枪。
　小贴士：要尽可能地用最少量的胶。
⑥ 将铝线对折，形成似两个向外伸展的手臂的造型，每只手臂看起来呈自然卷曲状态。
⑦ 将原来的灯架顶端的旧灯罩拆下，保留原金属框架作为新作品的基座。
⑧ 将铁丝放置在聚苯乙烯树脂半球体上，保持外形美观圆整，并将各个伸展的手臂相互连接起来。
⑨ 现在将制作好的架构安装在原金属框架上。
⑩ 将用芦苇叶编结而成的辫绳卷花填满金属线之间的空隙，并用绑扎铁丝绑定。
⑪ 取几只鲜花营养管，用绑扎钢丝缠绕，然后将它们固定在灯罩上。
⑫ 在营养管中注入水，然后插入蝴蝶兰。
⑬ 用冷固胶将绣球叶片以及宽瓣的虎眼万年青花朵粘贴在制作好的花艺灯罩上。

难度等级：★★☆☆☆

开启夏日时光

花艺设计 / 汤姆·德·豪威尔

材料 *Flowers & Equipments*

补血草
3个木制托盘、胶枪、毛毡、剪刀、刀、订书针

步骤 *How to make*

① 将毛毡切成长条状，其长度和高度均为木制托盘边框长和宽的两倍多点。
② 把这些毛毡条对折，放在木制托盘中摆成想要的形状，然后用胶枪将它们彼此粘贴固定。
③ 在剩余的无毛毡条的空间里，放入补血草并粘牢固定，保持补血草的自然形态。

难度等级：★★☆☆☆

芍药花满箱

花艺设计 / 汤姆·德·豪威尔

材料 *Flowers & Equipments*

芍药
装水果的木箱、花泥、薄塑料布、细铁丝网、钉枪、木签

步骤 *How to make*

① 在木箱内铺一层薄薄的塑料布。
② 将花泥浸湿，然后放入木箱中，用木签固定。
③ 将细铁丝网放入木箱内，直到它刚刚贴到花泥上表面。这样能够让花泥保持在原位。
④ 将漂亮迷人的芍药花插入木箱。

难度等级：★★★★☆

树枝之间

花艺设计 / 汤姆·德·豪威尔

材料 *Flowers & Equipments*

芦苇、铁线莲、补血草
木制托盘、电钻、花泥或石块、鲜花营养管、胶枪

步骤 *How to make*

① 用电钻在木托盘底部钻一些孔洞，直径大小以能够插入芦苇杆为准。
② 在托盘底下放一块垫片在中间，也可以放一块石头或是一块花泥。
③ 插入芦苇，并让芦苇杆穿过托盘底部的孔洞，让芦苇杆立在桌面。
④ 接下来将芦苇杆往上拉 0.5cm，一根接一根，然后在芦苇杆位于托盘内的部位滴上一小滴热熔胶。
⑤ 涂上胶水后，将芦苇杆立即推回到托盘底部的孔洞里。
⑥ 当所有已经插入的芦苇杆都按此步骤操作完成后，可以将托盘底下放置的垫片拿掉，然后将芦苇插入这个区域的孔洞中。
⑦ 将补血草花枝剪切成大小适宜的小枝条，插放在芦苇杆之间。干燥的补血草最好，因为不需要再放置营养管。根据需要，用绑扎线将补血草花枝固定。
⑧ 将鲜花营养管放置在托盘底部的芦苇杆之间，在营养管中注入水，然后插入铁线莲。

难度等级：★☆☆☆☆

夏日花环

花艺设计 / 汤姆·德·豪威尔

材料 *Flowers & Equipments*

康乃馨、枫树果实
环形花泥、刀

步骤 *How to make*

① 将环形花泥浸湿。
② 割下枫树种子串成花串，然后放置在花泥上。
③ 将康乃馨插入花串中，打造出一个独具特色的花环。

小贴士：也可以不放入康乃馨而打造出与众不同的花环，可以让这些枫树果实自然风干，然后它们会变成金棕色，格外迷人。

香蒲环绕中的大丽花

难度等级：★☆☆☆

花艺设计／汤姆·德·豪威尔

步骤 How to make

① 将塑料薄膜缠绕包裹在潮湿的蛋糕块花泥四周。
② 将每块花泥都用毛毡围住，并用珍珠定位针固定。
③ 取几片香蒲叶。将一端插入花泥中，然后折一下，越过花泥顶部，再折一下，然后将另一端插入花泥中。取更多的香蒲叶，重复这个步骤，直至叶片在花泥顶部呈现出纵横交错的效果。
④ 在叶片中间插入一朵大丽花。
⑤ 最后在香蒲叶片间随意点缀上几簇玫瑰花。
⑥ 然后在花泥顶部撒上一些彩色泡沫粉。

材料 Flowers & Equipments

香蒲叶片、簇状花瓣玫瑰、大丽花、蛋糕块花泥、彩色泡沫粉、毛毡、塑料薄膜、珍珠定位针

难度等级：★☆☆☆☆　　步骤 How to make

花礼

花艺设计 / 汤姆·德·豪威尔

小贴士：确保玻璃花瓶的直径足够大，否则孤挺花的茎易被折断。野生孤挺花的花茎是实心的。
① 用手揉搓野生孤挺花的花茎，以便它们可以被塑形、折弯。
② 将孤挺花插入花瓶中。
③ 取一束柔韧性好的观赏草，用一段不太长的藤蔓绑扎铁丝缠绕草束并扎紧，然后放入水中。
④ 在水面上放一朵盛开的白色芍药花，让其漂浮在水面。

材料 Flowers & Equipments
野生孤挺花、观赏草、芍药
玻璃花瓶、藤包绑扎铁丝

难度等级：★★★☆☆

在草地上

花艺设计 / 汤姆·德·豪威尔

材料 *Flowers & Equipments*
大丽花、芍药、各种观赏草
花泥球、蛋糕形花泥盒、托盘、钢针

步骤 *How to make*

① 将花泥块浸湿。
② 将针夹放入托盘中，加满水。
③ 将蛋糕形花泥盒插在大头针上。
④ 在大头针之间绷上几根橡皮筋，橡皮筋数量要足够多，这样就能形成一个凸起。确保每根橡皮筋绷紧。
⑤ 将花泥球从大头针顶越过后放在绷紧的橡皮筋中。
⑥ 将芍药和大丽花的花茎剪短，然后插入花泥球中。
⑦ 位于托盘底部的蛋糕形花泥盒此时全部位于水面之下，从路边采一些各式野草，插入花泥盒四周。
⑧ 摘取几片大丽花叶片，零星撒布在水面上。

难度等级：★★★★☆

花园中的马蹄莲

花艺设计 / 汤姆·德·豪威尔

材料 *Flowers & Equipments*

马蹄莲、酸浆、香蒲

带有小孔的鲜花营养管、1.2mm 粗的铁丝、小块木板、与作品整体色彩搭配协调的彩色细铝丝、冷固胶、1.5cm 的钻头和电钻、0.8~1.5cm 粗的铁棍或木棍

步骤 *How to make*

① 取一根粗铁丝，围绕着木棍缠绕 4 圈。

② 然后将木棍抽出，将形成螺旋状的粗铁丝剪成长约 5~8cm。

③ 在小木板上随意钻几个孔，将加工好的粗铁丝塞入小孔中。

④ 将香蒲茎秆插入粗铁丝的螺旋圈，每根之间的距离随意。马蹄莲花枝也采用同样的方式插入粗铁丝螺旋圈中。

⑤ 选择适宜的位置，将酸浆随意粘贴在木板上。

⑥ 用细铝线打一个活结。将铝线两端分别从鲜花营养管上部管壁处的小孔中穿出。将马蹄莲花茎插入活结中，直至茎秆末端到达营养管底部。轻拉铝线两端，直到活结将位于中间的马蹄莲花茎夹紧。接下来将两端的铝线缠绕在营养管外。

⑦ 向营养管中注入水。不要注入太多水，否则会太沉，影响作品的稳定性。

难度等级：★★★☆☆

浮出水面的百日草

花艺设计 / 汤姆·德·豪威尔

材料 *Flowers & Equipments*
香蒲、百日草
防水托盘、回形针、修枝剪、冷固胶

步骤 *How to make*

① 将香蒲叶叶尖剪掉。
② 取一片去尖后的香蒲叶，先卷起一半。在卷起的部位之间涂上几滴冷固胶。
③ 然后别上回形针，定形。
④ 将香蒲叶片剩余部位反方向卷起，重复涂滴冷固胶的过程。同样也别上回形针，定形。
⑤ 用同样的方法，制作出若干香蒲叶卷，然后用回形针和冷固胶将这些叶片卷连接在一起并粘牢。
　小贴士：可选用一个较平整的表面来进行这项工作时，让所有别在叶片上的回形针突出部分朝上，这样可以很轻松地将叶片下压。
⑥ 取一只较浅的防水托盘，放入连接好的香蒲叶卷，这次是让所有回形针突出部分朝下。这样会在叶卷底面和托盘底之间为水留出一个小空间层。
⑦ 将百日草花茎剪短后轻放至叶卷层之上。

难度等级：★★☆☆☆

玉米须式项圈

花艺设计/汤姆·德·豪威尔

材料 *Flowers & Equipments*

黍、稗草、蓝盆花、大星芹、粉色玫瑰、康乃馨、多头玫瑰
双面胶、扁铝线、冷固胶、剪刀、修枝剪、钢丝钳

步骤 *How to make*

① 取一段 60cm 的双面胶，将两根 20~30cm 长的铝线水平粘贴在双面胶带胶表面，然后再垂直放置 3 根铝线。所有铝线之间间隔均匀。
② 再剪下一段双面胶，然后覆盖在铝线上。
③ 将双面胶顶层的覆纸去掉。
④ 在留下铝线上的双面胶的表面涂抹一些冷固胶，将稗草剪成长度适宜的小段，然后粘贴在双面胶上。
⑤ 整段双面胶全部粘贴好稗草段后，将其翻转，这时最先放置的那段双面胶的覆纸在最上层，将其去掉。
⑥ 然后将黍粘在这层胶上。
⑦ 用列出的各色鲜花制作一束手捧花束。
⑧ 将用稗草和黍制作的拉花围绕在花束四周，整理出优雅漂亮的造型。
⑨ 将竖直放置的 3 根扁平铝线与花茎绑扎在一起，制作出坚固结实的手柄。

别致的花艺支架

难度等级：★★★☆☆

花艺设计 / 汤姆·德·豪威尔

> **材料** *Flowers & Equipments*
>
> 绣球、松果菊、淡绿色菊花
> 玻璃托盘、铁丝（80cm 长、1.2mm 粗）、3种直径不同的铁棍或木棍（可以用扫帚柄）、钢丝钳、钳子、修枝剪

步骤 *How to make*

① 将粗铁丝缠绕在最粗的一根木棍上，然后抽出木棍后，铁丝被绕成螺旋状。为了能确保接下来制作出的铁丝架构每根铁丝之间衔接配合得更紧密，在缠绕时必须尽量紧密一些，以制作出螺旋紧密的螺旋状铁丝。

② 用这根粗铁丝弯折出 90° 的直角，然后将另一端缠绕在直径最小的木棍上。抽出木棍后，铁丝被绕成直径较小的螺旋状。将两端螺旋圈之外多余的铁丝剪掉。

小贴士：中等直径的杆在那里，所以有变化的基础。

③ 将直径最大的螺旋状铁丝插入托盘边沿。

④ 将花茎插入直径较小的螺旋状铁丝圈中。

⑤ 将托盘装满水，让绣球花朵漂浮在水面上。

小贴士：也可以选用浮萍放在水面上。

难度等级：★☆☆☆☆

繁花盛开的飞燕草

花艺设计 / 汤姆·德·豪威尔

材料 *Flowers & Equipments*
飞燕草
木块、鲜花营养管、毛毡绳、大号橡皮圈或尼龙绳

步骤 *How to make*

① 将尼龙绳环绕木块四周绑好，或者从木块上方向下套入几根大号橡皮圈。
② 将鲜花营养管放在木块与尼龙绳或橡皮圈之间。
③ 用毛毡绳环绕木块，将其与营养管一起缠绕起来。确保所有物品绑扎牢固结实，然后将橡皮圈去掉。
④ 将营养管中注入水，然后插入飞燕草。

P.096

夏洛特·巴塞洛姆
Charlotte Bartholomé

charlottebartholome@hotmail.com

夏洛特·巴塞洛姆（Charlotte Bartholomé），曾在根特的绿色学院学习了一年，与多位知名老师一起学习，如：莫尼克·范登·贝尔赫（Moniek Vanden Berghe），盖特·帕蒂（Geert Pattyn），丽塔·范·甘斯贝克（Rita Van Gansbeke）和托马斯·布鲁因（Tomas De Bruyne）。

之后参加了若干比赛，如：比利时国际花艺展（Fleuramour）。曾在比利时锦标赛上获得第四名，之后与同事苏伦·范·莱尔（Sören Van Laer）一起在欧洲花艺技能比赛（Euroskills）中获得金牌。5年前，她在家里开了店。几年来，夏洛特一直是Fleur Creatif的签约花艺师。

P.128

斯汀·西玛耶斯
Stijn Simaeys

stijn.simaeys@skynet.be

比利时花艺大师，曾在世界各地进行花艺表演和做培训。在比利时国际花展中，参与了'庭院'和'教堂'项目的设计。曾参加过比利时根特国际花卉博览会、比利时"冬季时光"主题花展等，并多次获奖。是比利时 Fleur Creatif 杂志的签约花艺师。

难度等级：★☆☆☆☆

水滴

花艺设计 / 夏洛特·巴塞洛姆

> **材料** *Flowers & Equipments*
> 千露兜树叶片、火炬花、黄栌、康乃馨、玫瑰果
> 细铁丝网、花艺专用胶带、热熔胶、塑料花泥托盘、橙色毛毡

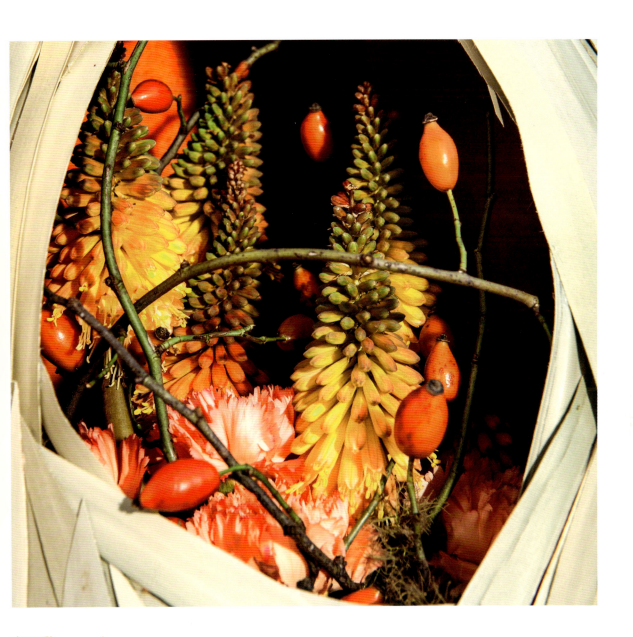

步骤 *How to make*

① 用细铁丝网围成一个水滴状，前面留出一个开口。
② 用胶带将其包裹定型，让整个铁丝网的表面完全被塑料覆盖。
③ 将干露兜树叶片用胶粘贴在铁丝网表层覆盖的塑料胶带上，粘贴时注意确保叶尖向上。
④ 将橙色毛毡衬在制作好的水滴形架构内。
⑤ 将一条毛毡粘在塑料花泥托盘的周边，然后将放有花泥的托盘放入架构中。
⑥ 用鲜花和玫瑰果枝条将架构装饰漂亮。

难度等级：★★★★☆

在红色花朵间享受红色草莓

花艺设计 / 夏洛特·巴塞洛姆

> **材料 Flowers & Equipments**
>
> 玫瑰、大丽花、康乃馨、万带兰、树莓、金丝桃、黄栌、植物卷须金属支架、细铁丝网、石膏条、保鲜薄膜、花泥、白色喷漆、插有塑料鲜花营养管的花泥

步骤 How to make

① 用细铁丝网制作一个圆锥形容器，并将其固定在金属支架上。
② 将支架喷涂上白色漆。
③ 将石膏覆盖在细铁丝网做成的圆锥形容器表面。
④ 在容器内部放上一层保鲜薄膜作为内衬，然后再放入花泥。
⑤ 按金字塔形插放鲜花，最后将插有万带兰的塑料鲜花营养管以及一些植物卷须插放在作品中。

难度等级：★★★☆☆

花园处处是繁花

花艺设计 / 夏洛特·巴塞洛姆

步骤 How to make

① 将硬纸板裁成长度不同的条状，然后将其绕着铁圈包裹，并用胶粘牢。
② 将长短不一、颜色各异的毛毡条、毛毡片以及毛线等粘贴在纸板上。
③ 用热熔胶将玻璃鲜花营养管固定在硬纸板上。
④ 将万带兰插入水管中，最后点缀上几缕卷须，整件作品完成。

材料 Flowers & Equipments

植物卷须、万带兰

铁圈、硬纸板、羊毛毡、羊毛、玻璃鲜花营养管、热熔胶

材料 *Flowers & Equipments*

荷叶、三桠木、万带兰
带支架的金属框架、绝缘板、胶带、线锯、
热熔胶、玻璃鲜花营养管、粉色细铁丝

难度等级：★★★★☆

通透的花墙

花艺设计 / 夏洛特·巴塞洛姆

步骤 *How to make*

① 根据框架尺寸，用线锯将泡沫绝缘板切割成大小相等的一块板材，然后在上面切割出几个直径各不相同的圆孔。
② 将切割好的板材压入框架中，并用胶带固定。
③ 用胶将荷叶粘贴在制作好的架构表面。
④ 将三桠木插进圆孔中。
⑤ 将玻璃鲜花营养管固定在茎杆上，然后插入万带兰花朵。

难度等级：★★☆☆☆

漂浮在水面上的花篮

花艺设计 / 夏洛特·巴塞洛姆

材料 *Flowers & Equipments*
桔梗、芭蕉树皮
2个聚苯乙烯泡沫塑料半球体、热熔胶、盆栽土壤

步骤 *How to make*

① 将2个聚苯乙烯泡沫塑料半球体粘结在一起。
② 在球体的顶部切割出空洞。
③ 用胶水和胶枪将芭蕉树皮覆盖在整个球体表面。
④ 将盆栽桔梗种植在球体上的空洞中。

难度等级：★★★★☆

鲜花绘画

花艺设计 / 夏洛特·巴塞洛姆

材料 Flowers & Equipments

露兜树叶片、小麦穗、芍药、玫瑰、树莓
铁架子、绝缘板、线锯、花艺专用胶带、木棍、拉菲草、热熔胶

步骤 How to make

① 用拉菲草将铁架子的底座覆盖。
② 将绝缘板切割出两块长条状板材，切出一个窄长的花泥块。然后将它们安装在铁架子上。用胶带和小木棍连接并固定。
③ 将露兜树叶片均匀、细致地粘贴在板材前部、花泥条两侧的位置。
④ 将小麦穗和花材插入花泥中。

材料 Flowers & Equipments

三桠木（学名：结香）、荷叶、大丽花、黍
绳子、彩带、花泥、热熔胶、聚苯乙烯泡沫塑料半球体

难度等级：★★★☆☆

小麦捆

花艺设计 / 夏洛特·巴塞洛姆

步骤 How to make

① 用扎螺旋花束的手法将三桠木捆扎在一起，最后用一条与茎杆颜色相同的丝带系在螺旋点。
② 将荷叶粘贴在聚苯乙烯泡沫塑料半球体表面。
③ 将花泥放入半球体中。
④ 将黍和大丽花插入花泥中。

难度等级：★☆☆☆☆

纸套里的鲜花

花艺设计 / 夏洛特·巴塞洛姆

步骤 *How to make*

① 在小玻璃瓶的底座上粘一条彩色毛毡条，透过玻璃可以欣赏到这个漂亮的装饰物。
② 用包装纸（回收再利用的废弃纸）做一个小袋子，用铁丝将纸袋两边扎紧固定。将顶部弯折出一个边沿，使其看起来似一个"书包"。
③ 将装饰好的小花瓶放入袋子中，注入水。
④ 把蓝羊茅植株分开，放入花瓶中。
⑤ 将鲜艳的花材插入绿色衬景之中。

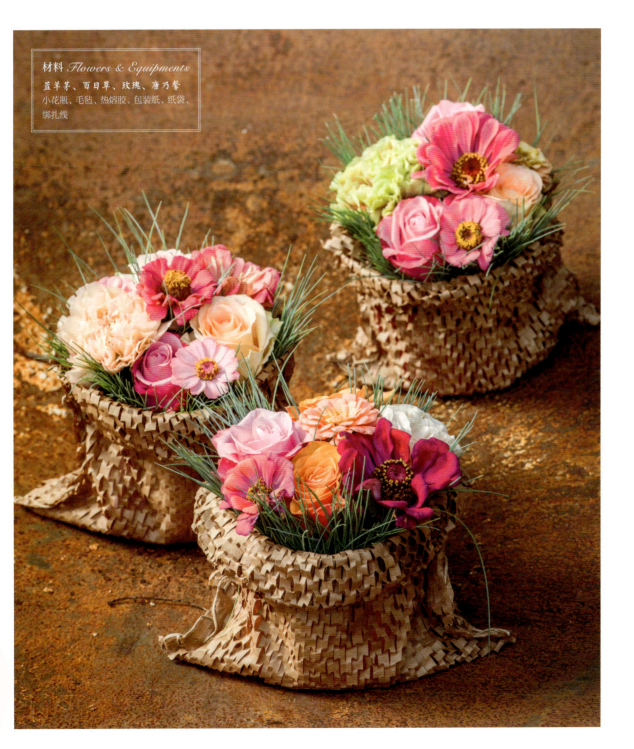

材料 *Flowers & Equipments*
蓝羊茅、百日草、玫瑰、康乃馨
小花瓶、毛毡、热熔胶、包装纸、纸袋、绑扎线

难度等级：★★★☆☆

光芒四射的非洲菊

花艺设计 / 夏洛特·巴塞洛姆

步骤 *How to make*

① 用拉菲草缠绕框架整体，然后用棉绳将外框缠绕。
② 将玻璃鲜花营养管系到丝瓜上，然后连同丝瓜一起固定在框架上。
③ 将鲜花插入玻璃管中，涂上一点胶水，以确保放置稳定且牢固。

材料 *Flowers & Equipments*

非洲菊

焊接框架、橙色拉菲草、鲜花营养管、冷固胶、橙色细绳、棉绳、丝瓜

材料 Flowers & Equipments
阿米芹、茴香花、黍、刺芹
花篮、细铁丝网

难度等级：★☆☆☆☆

花篮

花艺设计 / 夏洛特·巴塞洛姆

步骤 How to make

① 在篮中放入大小合适的细铁丝网。
② 插入夏日时令花材，做成自然清新的花篮。

难度等级：★★★☆☆

淡雅粉色系花环

花艺设计 / 夏洛特·巴塞洛姆

材料 *Flowers & Equipments*

露兜树叶片、观赏草、绣球、玫瑰、满天星、康乃馨
圆环形花泥、绳子、热熔胶、冷固胶、绑扎带

步骤 *How to make*

① 将露兜树叶片粘贴在花冠外侧边，用夹子将露兜树叶片固定成圆形，放置在花冠内侧。
② 用胶将细绳一圈小心地粘贴在圆环中部。
③ 首先，用绑扎带将由观赏草制作成的小花束沿花环内外边缘插入花泥中。
④ 接下来将各色鲜花插入花泥中。
⑤ 用细绳将花冠围起来，然后用手编织成一个长长的绳链。
⑥ 最后，用冷固胶将一些绣球花花朵粘贴在绳链上。

材料 *Flowers & Equipments*

干荷叶、筷状花瓣玫瑰
水管（聚丙烯水管）、绳子、热熔胶、新娘手捧花束花托

难度等级：★★★☆☆

古灵精怪的花束

花艺设计／夏洛特·巴塞洛姆

步骤 *How to make*

① 将水管摆成想要的形状，然后将绳子缠绕在管壁外，并用胶粘牢。
② 将新娘手捧花束花托的手柄插入水管中，并用胶粘牢。
③ 用荷叶将花托包裹，并用胶将荷叶粘贴在花托的塑料边沿处。然后再包一层荷叶，一圈一圈重重叠叠的荷叶看上去尤为漂亮。
④ 将荷叶的底部用绳子缠绕扎紧。
⑤ 将鲜花插入新娘手捧花束花托中。

难度等级：★★★☆☆

焰火

花艺设计 / 夏洛特·巴塞洛姆

材料 Flowers & Equipments

金枝梾木、大丽花、棕叶狗尾草、绣球、鸡冠花、谷子
铁艺支架、热熔胶、绿色拉菲草、绿色黄麻、聚苯乙烯半球体、花泥

步骤 How to make

① 用黄麻覆盖在聚苯乙烯半球体的表面。
② 将花泥放入半球体中。
③ 将鲜花插入花泥中。
④ 围绕着铁艺支架，用金枝梾木枝条制作一个大型花束，然后用拉菲草将花束绑扎固定。
⑤ 将前面步骤制作完成的花球放入由枝条组成的大花束中。

难度等级：★★★★☆

向日葵花丛中

花艺设计 / 夏洛特·巴塞洛姆

材料 *Flowers & Equipments*

向日葵、黍、千番薯藤
软管、黄麻、纸包铁丝、细铁丝网、花泥

步骤 *How to make*

① 将软管弯扭，打造成极具趣味性的造型，作为作品的支架。
② 用黄麻将软管造型覆盖包裹。
③ 用细铁丝网制作成一个圆锥体。
④ 用纸包铁丝将小捆的干番薯藤绑扎在圆锥体外表面。确保完全覆盖，遮挡住细铁丝网。
⑤ 将装饰好的圆锥体连接并固定到缠绕着黄麻的软管支架上。
⑥ 在圆锥体内铺一层薄泡沫塑料，然后再放入花泥。
⑦ 将鲜花插入花泥中。

难度等级：★★★☆☆

南方启示

花艺设计 / 夏洛特·巴塞洛姆

材料 *Flowers & Equipments*

非洲菊、万带兰、柔毛羽衣草、康乃馨、玫瑰果枝条、黍、燕麦粗藤包铁丝、球形小玻璃瓶、绑扎铁丝

步骤 *How to make*

① 取一段粗藤包铁丝，用手将其编结成漂亮可爱的小花环。
② 将球形小玻璃瓶插入小花环的空隙中，用相同的铁丝将这些小花环连接在一起。
③ 这个用藤包铁丝编结成的架构可作为花艺作品的支撑架构。
④ 用各式鲜花将其装饰漂亮。

难度等级：★★★★☆

粉色大丽花的花园彩画

花艺设计 / 夏洛特·巴塞洛姆

材料 *Flowers & Equipments*

球兰、大丽花、竹制圆环
金属支架、绝缘板、热熔胶、花泥板、花艺专用胶带、硬纸板、胶带、纸包铁丝

步骤 *How to make*

① 根据金属支架的内框尺寸准备材料。2块绝缘板和1块窄条花泥板，这3块板材的尺寸加起来应与内框架的尺寸相同。
② 用胶带将这3块板材固定在支架内框中。由于架构整体重量较轻，所以用胶带应该能够保证其牢固和稳定。为了更安全，可以先将一块薄木板固定在内框中，然后用螺丝将这3块板材拧到薄木板上。
③ 沿着花泥板的上下两边各粘贴一块硬纸板，让硬纸板从框架平面中延伸突出，然后铺上一层塑料薄膜。
④ 小心细致地将黄麻丝带平行排列粘贴在板材表面，在硬纸板处时黄麻带的位置要高出硬纸板的边沿。
⑤ 将大丽花和球兰枝条插入花泥中，让球兰枝条自然垂下。
⑥ 最后用彩色绑扎铁丝串起几个竹制圆环，制作成几条可爱的小拉花，搭放在鲜花之间。

难度等级：★★☆☆☆

阳光满溢心间

花艺设计 / 夏洛特·巴塞洛姆

> **材料** Flowers & Equipments
>
> 大丽花、金槌花、万带兰、黍、三桠木，选用的颜色需与整个场景色彩搭配协调深度最小的长款花盆、干花泥砖、两种不同颜色的花泥块、玻璃小水管、热熔胶、纸包铁丝

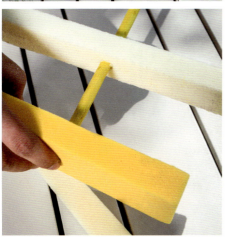

步骤 How to make

① 将彩色花泥切成大小不同的花泥块，然后用一根三桠木串在一起，制作一个"花泥串"。
② 在长款花盆中塞入干花泥。
③ 将长度不一的三桠木插入干花泥中。
④ 将串好的彩色"花泥串"用铁丝绑扎固定在竖直放置的三桠木之间。
⑤ 将树皮片铺在花盆内干花泥的表面。
⑥ 在玻璃小水管外用纸包铁丝缠绕几圈，然后将铁丝直接插入彩色花泥块中。
⑦ 将鲜花插入小水管中。

难度等级: ★★★☆☆

花锥

花艺设计 / 夏洛特·巴塞洛姆

步骤 How to make

① 将花泥板裁切成自己喜欢的形状,作为作品的基座。
② 将塑料薄膜覆盖花泥板的侧边,并用胶带固定。
③ 在大小不同的彩色木片表面涂上胶水,然后将它们竖直地粘贴在花泥板的侧边。
④ 将彩色鹿蕊铺放在花泥板表面,并用金属插针固定。
⑤ 将硬卡纸卷成圆锥形,然后用同样颜色的木片装饰这些圆锥体。
⑥ 将山茱萸长长的枝条穿过圆锥体,用拉菲草将圆锥体底部缠绕包裹。
⑦ 取一小块花泥,用塑料薄膜包好并固定,然后将其放入圆锥体内。
⑧ 将圆锥体以及更多的山茱萸长枝条插入基座上的花泥中。
⑨ 将鲜花插入圆锥体中。

材料 *Flowers & Equipments*

山茱萸、花烛、柔毛羽衣草、须苞石竹、多头玫瑰、彩色鹿蕊、花泥板（又好又硬的）、塑料薄膜、胶带、染成绿色的木片、绿色拉菲草、铁丝插针、花泥

fleurcreatif | 123

材料 *Flowers & Equipments*

干露兜树叶片、竹制圆环和竹制杯形容器、白色和绿色花烛、青苹果

方形聚苯乙烯板材、毛毡、热熔胶、木棒、玻璃鲜花营养管、绑扎铁丝、毛毡球

难度等级：★☆☆☆☆

植物瓷砖

花艺设计 / 夏洛特·巴塞洛姆

步骤 *How to make*

① 用热熔胶将干露兜叶片粘贴在方形薄板表面。可以根据自己的喜好将这些小叶片拼接成不同的纹理图案，例如方形花纹或是一些长短不一的条状花纹。
② 取一条窄长的毛毡条，围在薄板侧边四周。
③ 将竹制圆环和竹杯装饰漂亮，然后将它们粘在露兜树叶片上。将玻璃鲜花营养管插入圆环和竹杯里。
④ 为了固定营养管，可将每支玻璃管用胶粘在一根小木棒上。然后再用绑扎铁丝绕几圈固定，再直接将小木棒插入聚苯乙烯薄板里。
⑤ 将毛毡球、毛线以及青苹果等放在薄板上。
⑥ 将鲜花插入玻璃营养管中。

难度等级：★★☆☆☆

赏草

花艺设计 / 夏洛特·巴塞洛姆

步骤 *How to make*

① 用锋利的小刀或线锯将花泥板裁切成自己喜欢的形状。
② 将塑料薄膜覆盖在花泥板托盘上，以防止漏水。
③ 将露兜树叶片裁切成大小不同、宽度不一的条块，然后用胶粘贴在花泥板两侧，既标清了花泥造型轮廓，同时也增强了视觉效果。
④ 粘贴在两侧的露兜树叶片在花泥板两端汇集，用胶将它们粘贴在一起，打造出优雅修长的效果。
⑤ 将各式鲜花随意自然地插入花泥中，高低错落，色彩搭配和谐，营造出富有层次感的观赏效果。

难度等级：★★★☆☆

梨形茶烛台

花艺设计 / 斯汀·西玛耶斯

材料 *Flowers & Equipments*

兵豆、樱桃树皮
木工胶、梨形容器（人造石）、胶枪、
金属茶烛台、硬纸板

步骤 *How to make*

① 用樱桃树皮将梨形容器外表面完全
覆盖。
② 在容器的中心部位粘上一块结实的
硬纸板。
③ 同样，用树皮装饰硬纸板，并将金
属茶烛台粘贴在上面。
④ 接下来将小兵豆与木工胶（2/3 的木
工胶与 1/3 的水混合）混合在一起，
涂在容器里。
⑤ 当胶水变得透明时，证明完全干透了。

难度等级：★★☆☆☆

装满向日葵的花篮

花艺设计 / 斯汀·西玛耶斯

材料 Flowers & Equipments
向日葵
聚苯乙烯泡沫塑料球、喷胶、涂料、盆土（干燥的）、花泥

步骤 How to make

① 将聚苯乙烯泡沫塑料球切下1/3。
② 在球体的内外表面喷涂上褐色的涂料。
③ 待涂料干透后，在球体表面喷涂上胶水，然后将干土撒在上面。
④ 重复上述步骤，直到达到理想的效果。
⑤ 将花泥放入球体中，然后插入向日葵。

难度等级：★★☆☆☆

缤纷亮丽的圆圈

花艺设计 / 斯汀·西玛耶斯

> **材料** *Flowers & Equipments*
>
> 大丽花、苹果、欧洲荚蒾、葡萄、宿根金光菊、蜀葵、长筒倒挂金钟、旱金莲、尾穗苋
> 手工纸、木工胶、聚苯乙烯泡沫塑料块、花泥、喷漆

步骤 *How to make*

① 在每个聚苯乙烯泡沫塑料块上都切出一个方孔（如图片中红色的方形所示）
② 在泡沫塑料块表面喷涂上绿漆。将所有泡沫塑料块依次连接在一起。
③ 用木工胶（2/3 木工胶，兑入 1/3 水）将手工纸粘贴在泡沫塑料块上，并晾干。
④ 将花泥放入泡沫塑料块上事先切好的方孔内，然后插入鲜花。

难度等级：★★☆☆☆

夏日蛋糕

花艺设计 / 斯汀·西玛耶斯

步骤 *How to make*

① 用硅酮密封胶将小花瓶粘在蛋糕托盘上。
② 将花瓶装满水，插入各色夏日鲜花。

材料 *Flowers & Equipments*

花蕊、蝴蝶荚蒾、珍珠菜、波斯菊、宽叶林燕麦、山桃草
带底座的玻璃蛋糕托盘、玻璃花瓶、硅酮密封胶

难度等级：★★☆☆☆

印度观赏洋葱

花艺设计 / 斯汀·西玛耶斯

步骤 How to make

① 用花艺专用铁丝和胶带制作架构。
② 为架构喷涂上褐色涂料。
③ 晾干后将洋葱粘贴在上面。
④ 将花泥塞入架构底部，插入各色鲜花。

材料 Flowers & Equipments

大丽花、松果菊、倒挂金钟、珍珠菜、玫瑰、西部沙樱、百子莲、宽叶林燕麦、蝴蝶荚蒾、铁线莲、波斯菊、秋海棠、西洋接骨木、花葱、洋葱

花泥、胶带、花艺专用铁丝、胶枪

尚塔尔·波斯特
Chantal Post

chantalpost@skynet.be

夏洛特·巴塞洛姆（Charlotte Bartholomé），曾在根特的绿色学院学习了一年，与多位知名老师一起学习，如：莫尼克·范登·贝尔赫（Moniek Vanden Berghe），盖特·帕蒂（Geert Pattyn），丽塔·范·甘斯贝克（Rita Van Gansbeke）和托马斯·布鲁因（Tomas De Bruyne）。

之后参加了若干比赛，如：比利时国际花艺展（Fleuramour）。曾在比利时锦标赛上获得第四名，之后与同事苏伦·范·莱尔（Sören Van Laer）一起在欧洲花艺技能比赛（Euroskills）中获得金牌。5年前，她在家里开了店。几年来，夏洛特一直是 Fleur Creatif 的签约花艺师。

丽塔·范·甘斯贝克
Rita Van Gansbeke

rita.vangansbeke@plantaardigbeschouwd.be

比利时花艺大师，她有自己的工作室，为花艺爱好者办培训、沙龙等，出版了几部图书。

难度等级：★★★★☆

圆形墙面花饰

花艺设计 / 尚塔尔·波斯特

> **材料** *Flowers & Equipments*
> 菊花、风车果（星花轮峰菊）、香蒲叶
> 直径80cm的中密度纤维板圆板、木板（冷杉木）、花泥、木工胶、花艺专用防水冷固胶

步骤 *How to make*

① 用铅笔在中密度纤维板上画一个直径为 20~25cm 的圆圈。
② 以这个小圆圈为起点，用木工胶将冷杉木小木板粘贴在中密度纤维板上，直至将所有空白的空间填满。大约需要重叠粘贴 6~7 层冷杉木小木板，因为需要将中密度纤维板上的空白处完全覆盖住。
③ 在直径为 20~25cm 的圆圈处放置花泥。
④ 将菊花和风车果插入花泥，装饰漂亮。
⑤ 用花艺专用冷固胶将香蒲叶粘贴在圆盘上，增强其视觉冲击力。

难度等级：★☆☆☆☆

漂浮的拉花

花艺设计 / 尚塔尔·波斯特

步骤 *How to make*

① 将长绳穿过横梁或挂钩。
② 将浮木穿在绳子上，然后打好结固定，浮木间的间隔不同，排列方式不规则。
③ 将玻璃鲜花营养管固定在长绳上空余的位置。
④ 插入鲜花。

材料 *Flowers & Equipments*
大波斯菊、大阿米芹
原木色绳子、浮木（每根10~12cm）、
玻璃鲜花营养管、绑扎线

材料 *Flowers & Equipments*

簇状花瓣玫瑰、葡萄叶铁线莲
聚苯乙烯球、干花泥、胶带：花艺专用胶带（防水胶带）、黑色或深褐色的喷漆、胶枪和胶棒、软木块或软木片、带有小盖子的 PVC 水管

难度等级：★★★☆☆

插着可爱玫瑰的软木球

花艺设计 / 尚塔尔·波斯特

步骤 *How to make*

① 在每个聚苯乙烯半球体上切掉 1cm 宽的长条。
② 将两半球体拼在一起，中间夹一块干花泥。用花艺专用防水胶带绑扎固定。
③ 用彩色喷漆将球体表面涂成黑色或深褐色。
④ 把软木块粘贴在球体表面。
⑤ 将 PVC 小水管中装满水，然后插入空白处。
⑥ 用多头玫瑰和野生铁线莲的种子头装饰花球。
⑦ 第二个花球的制作方法：将事先切割好的 3cm 长的软木条粘贴到软木片上。

难度等级：★★★☆☆

花艺墙饰

花艺设计 / 尚塔尔·波斯特

材料 Flowers & Equipments
大波斯菊、观赏洋葱、风车果（星花轮峰菊）
粗铝线、装饰用毛线、细铁丝、电动螺丝枪、玻璃鲜花营养管

步骤 How to make

① 剪下一段 40cm 长的粗铝线。
② 用电动螺丝枪将彩色毛线缠绕包裹铝线。
③ 将装饰后的铝线弯折成一个小圆环，然后将这些圆环连接在一起，通过这种方式拼出一块宽 30cm 的挂毯。
④ 将玻璃鲜花营养管系在铝线上，然后插入鲜花。

难度等级：★★★☆☆

纤草花瓶

花艺设计 / 尚塔尔·波斯特

材料 Flowers & Equipments

羽状针茅、藤条、大波斯菊、大丽花、留兰香、蓝盆花、圆头大花葱、宽叶林燕麦
圆柱形花瓶、橡皮圈、花泥、胶枪、胶棒

步骤 How to make

① 用橡皮筋在圆柱形花瓶外缠绕几圈。
② 把羽状针茅塞到橡皮筋下面，用这些草将花瓶下部完全包裹覆盖。
③ 用扁平的藤条在花瓶底部缠绕几圈，将橡皮筋遮挡起来。
④ 在玻璃花瓶里塞入花泥，然后用夏季时令鲜花及观赏草将瓶子填满。

难度等级：★★★☆☆

酒吧里的阳光

花艺设计 / 尚塔尔·波斯特

材料 *Flowers & Equipments*

向日葵、沼生水葱

赤土陶器花盆、呈波浪状扭曲的枝条（一捆弯曲的藤条）、细铁丝（绑扎用）、花泥

步骤 How to make

① 用枝条编织成一个圆环，放置在容器顶部，并用铁丝固定。
② 将沼生水葱编成一根长辫状绳子，与枝条圆环搭配在一起，交错放置。
③ 将花泥塞入容器中。
④ 用花形不同的向日葵装饰花瓶。

难度等级：★★★☆☆

夏日绚烂平行花柱

花艺设计 / 尚塔尔·波斯特

材料 Flowers & Equipments

竹竿、紫红色大花葱、独尾草、马蹄莲、海棠果以及其他夏季时令水果
圆柱形玻璃托盘、花泥

步骤 How to make

① 将圆柱形带托盘的花泥放入低矮的玻璃盘中央，留出 3cm 的空隙。
② 将竹竿或与之类似的花艺木棍切割成长度为 10~20cm 的小段，然后塞入空隙中。
③ 用蓼将玻璃盘四周的空隙全部填满。
④ 将花材垂直插入花泥中，保持每枝花材的茎秆彼此平行。
⑤ 在作品底座四周随意放上一些夏季时令瓜果。

fleurcreatif | 149

材料 *Flowers & Equipments*

康乃馨、蓝星花
直径30cm的稻草花环、棉质和丝质的
复古图案的面料、针、塑料鲜花营养管、
双面胶、透明胶带、缝纫针（4~5cm）

难度等级：★★☆☆☆

用边角布料和线绳制成的花环

花艺设计 / 丽塔·范·甘斯贝克

步骤 How to make

① 用各色布条和纱线将花环缠绕包裹。
② 用胶带和布料将塑料鲜花营养管包好。
③ 用针线将布料缝合，缝制时针脚要美观，将纺织物装饰得更漂亮，然后将线头留出一段自然垂下。
④ 将鲜花插入营养管中。

难度等级：★☆☆☆☆

缤纷色彩

花艺设计 / 丽塔·范·甘斯贝克

材料 Flowers & Equipments

非洲菊、熏陆香

彩色木片、双面胶、胶枪和胶棒、硬纸板、塑料薄膜、花泥、粗铁丝、绷绳

步骤 How to make

① 用废弃的硬纸板制作两个正方形纸盒。
② 将相同颜色的木片用双面胶粘贴到纸盒的外表面。
③ 将木片撕碎，选取不同的颜色，在纸盒顶部粘贴一圈。
④ 将塑料薄膜铺在纸盒容器中，然后放入花泥。
⑤ 将熏陆香枝条插入花泥中，然后插入非洲菊，非洲菊应放置得高低错落，形成层次感。根据需要，可插入铁丝以支撑非洲菊花茎直立稳定。

难度等级：★★★☆☆

活力鸟巢

花艺设计 / 丽塔·范·甘斯贝克

材料 Flowers & Equipments

宽叶香蒲、嘉兰、眼树莲（垂吊植物）

细铁丝网（长和宽为14cm的正方形）、大针眼缝衣针、剑山、高90cm带底座铁杆、鲜花营养管

步骤 How to make

① 将香蒲叶穿过剑山，经过拉拽后，形成整齐的纤维束。
② 用细铁丝网弯制成鸟巢造型。
③ 用香蒲纤维束缠绕包裹鸟巢，并用定位针固定。
④ 将装饰好的鸟巢穿在铁杆上，并固定。
⑤ 将嘉兰花枝插入鸟巢中，然后在鲜花营养管中插入几根眼树莲枝条，让其自然垂下。

难度等级：★★★☆☆

植物圈

花艺设计 / 丽塔·范·甘斯贝克

材料 *Flowers & Equipments*

宽叶香蒲、嘉兰

剑山、28cm×95cm 的铁框架、3 只铁圈（直径分别为12cm、13cm 和20cm）、3 个由硬纸板制成的扁平圆环、原木色绑扎铁丝、3 个带小孔的玻璃鲜花营养管

步骤 *How to make*

① 将香蒲叶穿过剑山，经过拉拽后，形成整齐的纤维束。
② 用纤维束将框架、铁圈和圆环全部缠绕包裹好。
③ 然后用纤维束将装饰好的铁圈和圆环固定在框架上。
④ 用绑扎铁丝将玻璃鲜花营养管系到框架上，然后将嘉兰插入营养管中。

难度等级：★★★☆☆

优雅的观赏草花环

花艺设计 / 丽塔·范·甘斯贝克

材料 *Flowers & Equipments*

香蒲叶、玫瑰、柔毛羽衣草、狐尾天冬、白色伽蓝菜、藤绣球、大星芹、黑种草、鬼罂粟

剑山、U形钉、木签、直径15cm和25cm的环状花泥、直径30cm的稻草花环

步骤 *How to make*

① 将香蒲叶穿过剑山，经过拉拽后，形成整齐的纤维束。
② 将香蒲纤维束缠绕包裹稻草花环以及直径为15cm的环状花泥。
③ 用U形钉和木签将这3个花环连接在一起。
④ 将淡绿色的鲜花以及蒴果枝条插入直径为25cm的环状花泥上，最后再用一束香蒲纤维装饰大花环的边缘（将纤维束水平环绕在大花环外圈，用U形钉固定）。

难度等级：★★☆☆☆

植物图画

花艺设计／丽塔·范·甘斯贝克

材料 *Flowers & Equipments*

白杨树叶、7块薄柳木片
木制框架、3个环状花泥（直径10cm）、
30cm×40cm的画布、缝衣针和U形钉、
胶枪和木棒、花泥板、旧画框

步骤 *How to make*

① 用夹具将花泥牢牢地夹在画布后面。
② 用薄柳木片作为树干，将"树干"摆好并用胶粘在画布上，固定牢固。摆放位置应确保能看到画布后的环状花泥。
③ 用白杨树叶将3个环状花泥完全覆盖。将树叶折成小叶片卷，插入一个花环中，另一个直接用白杨树叶覆盖，第三个则需要在画布上显露出叶片的黑色背面。所有的叶材都需用U形钉固定在花泥上。
④ 用叶片制作成小月牙形装饰，分别放在左边和右边的"树冠"后面，以增强树冠的视觉效果。
⑤ 用定位针将月牙形叶片装饰固定适宜位置。

难度等级：★★★☆☆

乐享夏日生活

花艺设计 / 丽塔·范·甘斯贝克

材料 Flowers & Equipments
粗树枝、珊瑚蕨、石竹、黄绿色嘉兰、飞燕草、荠菜、桑皮纤维、亚麻、苧麻和海草
锯、铁棒（0.2cm 粗）、玻璃小水管、绑扎铁丝

步骤 How to make

① 取一段粗树干，将顶部和底部用锯削平，然后将一排高度约 8cm 铁棒分别插在树干两侧。
② 将桑皮纤维穿插缠绕在小铁棒之间。
③ 用绑扎铁丝将玻璃小水管系在铁棒间。
④ 赋予植物们勃勃生机——用鲜花、苧麻以及海草谱写一首生命之歌。